Puzzle 1

1					5			4
			6	1			3	
5	2			7				1
	3	2	7		9	1		6
7	5	1	2					9
6		9		5	1	2		7
3		8			7		1	
	1		8		6	5		
9		5	1	2			7	8

Puzzle 2

			4					
	7	3						
8		9		1			4	
	8		2	5				7
			3		1			5
4	3	5		9	7		2	6
	1		9	3			8	
7			1		4		3	
3			2		7	8		

Puzzle 3

	2							4
4				7	5	9		
	6	1	8		4	7		
2	5	6	9	7	8	4	3	1
3				5				9
	9	7	4		6	2		
	4		5			3		7
	7			8	2	1		
6	1							2

Puzzle 4

	4		3		8			
	8				4	2	3	5
3	6	1			7			
9		7	1		3	6		8
	5				2	1		3
	3	8	9		6		2	
4	9	2	7		1	3	5	6
	7	3						
		6	2			9		

Puzzle 5

4	3	9	5	7	6	8	1	2
2	5		8	4				
6		8		9		5	4	7
3			4		9	2	8	1
5		2			7	6		4
1		4		2	8			5
7		3			2		5	
8		5		6			7	3
				3			2	

Puzzle 6

4	2			3		7		9
	9		7		4		2	
	7	8	9			5	4	
	4				3		9	
8		7		6				3
	6		1		7	2	8	
	1		8		6		7	
6		9		7				2
							6	

Puzzle 1

4		9	8	5	2	7	3	
3				7		4		
6			9		4			5
5		6		8	7		4	
	9							
2		4		9	1	3	5	8
9	4							3
7		1	3		8	9	2	
8	6		4		9		7	

Puzzle 2

	2		7	8		4	3	
6					3	8	2	
	3				2			
4			3		1		8	
		1				7	6	2
	5	2	9	6			1	
5	1		2	3		6	4	
7	8				6			
				7	5	1	9	8

Puzzle 3

6					3	4	8	5
		5			2	7	1	9
		1			4	2	3	6
		7	3		1	6		
1						5		8
			5		7			1
2	3		1					
		8		2	5		6	
		4	6	3		8		7

Puzzle 4

7			1	9	2		5	
			3		7	9		
9	8	5			4			7
	1			9	3	4	5	
		9			5	8	3	1
		4	8	1		7		2
1	9	6		3		2	8	5
	4		1		2			
		8			9			3

Puzzle 5

	2	3			6	7		
	1			8		4		5
6	4	8	5		1			3
3	8		9				4	
1					4	5		8
		6				9	2	7
2			1	4			7	9
8	3		7			6		4
7		4		3		8		2

Puzzle 6

		4		1	8	9	7	
7					6	2		8
8	2					4		
6	3	7	5	2	1	8	9	4
4	5		6	3		7		1
			7		4		6	3
	4	6				1		9
		1	9	6	2		4	
9		3				6		2

Puzzle 1

9	5		6	1	3	7		4
6		1	4	9		5	3	8
				7		1	6	9
3				2		6		7
1	9		3			4		2
	2			5				3
	8	3		6	1	2	7	5
	1	2				3	9	
		9	2			8		

Puzzle 2

2		1	4		6			
	6	5	3	8	7	9	1	
	3		1		2	6		
		7					6	
8	9		7			2	3	1
3	2			6	1		7	
1	8		6	7				4
					3		2	8
7				2		1		

Puzzle 3

		1		6				
3						6		5
9			7		3		1	4
7	4	3	9	1	6			
2	8	5		4				9
6		9	8	5				
1		4	2		8		5	
			4		1	8	3	6
		7	6		5			

Puzzle 4

			6		4	5	8	
	5			2				1
	6					4		
				3		1		6
	8	5		4	7		3	9
	7	3	9		2		5	4
9			4	1		6	2	8
	4	2	7	9				
	1	6				9		

Puzzle 5

	4		9	7	3			
9				6	3	8		
		3	1		8		9	7
		9			1			
	1	7				8	6	9
6		4			7		1	3
7	9	6	3		5	1	4	
8				1			7	
4	5		7	8			3	2

Puzzle 6

3	7	5			8	1	9	
6		1	4					8
								6
8		6						
7	4	3	9		5			1
	2				6		4	3
	6	8	1		9		3	5
1		7	5	8	4	2		
						8	1	7

Puzzle 1

	5	3		2		4	8	
	6		3		4		1	
				8		3	6	
4	1		7	9	3	5		
8				5	6			4
5	3	7	8		2	6	9	
6		1		3			5	
3						9		6
2	4				8			

Puzzle 2

		9	7	8		3		
5	3	4			9		7	
7			4		5			
1	9	6		4		8	5	
	5	2	9	6				4
					3			
	8	5				6		
		1		7		5	3	9
	7			1			8	

Puzzle 3

	7		9	1	6			2
				2	3	6	7	
		5	7		3		8	9
		1	6			2		4
6		3	1	2	4	7		8
4	5			3	7			6
9					8			3
8		4			1			5
	3		2	6	8			

Puzzle 4

3	1	4			7	5		8
	8	7				4		
5	6	2		4	1		3	
1	9	5	7	8	3			
		6				3	8	1
8							9	5
4		9	2				5	3
2	5	1				6		
	3	8				1	7	

Puzzle 5

		9	6	8		7		2
7	3	2		1	9	5		
4		8				3	9	1
1		7	3		6		5	
3				9			7	
	9			4		1	6	
9	2	4	5	6	1		3	7
	5	3		7		6	1	
		1			8		2	5

Puzzle 6

3			6		1	5	9	4
				4	7			8
		9	5	8			7	
	3	2	1		8		5	7
7		8			4		1	
1			7		2		6	3
		6				3	4	
4	9	3			5		8	
			4			7		

Grid 1

		6	8				2	
				7	6			5
3		2		1	5	9		8
	3			5	8		4	7
7	8				2	5		3
		5	7	3		8	9	2
		7		2	1	3	8	9
	9	1	3		7			
	2		5	4		1	7	6

Grid 2

5				3	8		6	
6	4	8		2	7		1	
	9		6	1			5	7
	5		1					
	2	1		6				4
	8			4		1		6
2		9					4	5
1		4		5			7	8
8				7			3	

Grid 3

6	5		8	7	9	1		2
2		1			6	7		
8			5	1		9		6
9		5						
		6		5			2	
		4			8		1	9
					1	2		
4	1	8						7
5	3					8	6	

Grid 4

1	7			5	4		8	
			7				3	
3	5		8		9	1	4	7
4		7	1	6	5	3		
9	1	3		7	2		5	
6	2	5	9		8		7	1
		1	6				2	4
2		8				7	6	
7		4		8	3			9

Grid 5

8	6		3			7		5
		2					9	8
4	9			8		6	2	3
6		4	9		8	2		
	7	9	4		2	8	5	
2	1	8	5				3	
	4				5	3		
	8	6		4				
9	2		1	6	7		8	4

Grid 6

		2	9	1	5		6	8
8		6	3	2	4			5
5	3			6				
	5				8			
			7	9		6	5	
9		7	5		2			
4	2	1		9		5	8	6
3		8		5		4		9
6	9	5			1	2		

Puzzle 1

				2	8	1		6
7					1		8	9
			3		5	4		
6	1	5			3	2		7
	8			5	9			
9		4	1	7	6	8	5	3
		1			2			4
2	4				7			
	7		9		4	3	2	8

Puzzle 2

2		6					1	4
4	5	9			8			7
	3		7		4	2		9
6		8			1			
	9	5						1
3		2	9	4			6	8
			4		5	3		
		3				1	4	
5				9				2

Puzzle 3

9	4	6	7	8	5	2	1	
1	7	2		6	3	4		
			4	1	9	6		
		5	6		8	3		2
8			3		2	1	7	6
6		3	1	7	4	5	8	9
2	8	1		3	6	7	9	
4	5	9	8		7	6	3	1
		7				8	2	

Puzzle 4

		2	6	1			8	
			3	4			2	
3	4	6		2	5		7	
8							4	7
4	3		1	7	8		6	2
	9				6			
7		9	2	6		5	3	4
			9	8				
	1	3	7		4	2	9	8

Puzzle 5

2		1			4			8
		3		1	2	6	7	4
		6	9		8	3		
4	6	9	7			8		
	2		3		9			
		7	2	4		1	9	
3		8		9		2		7
	5			6			8	9
6	9	4			7		1	

Puzzle 6

			5		2	8		
9	5				8	7	4	
8	2		4			5	9	1
1		4		6	5	3		
2			9		1	6	7	
3			2				8	
	3	7		2	4	9	6	8
			3	8				
4	9	8	7					3

Puzzle 1

2		3				7		
8					5	4	3	2
		9	7		3		5	8
	1		4	7	9		2	
9	8			3			7	4
	7					9		3
	9	1	3			5		7
7			5	9		8		
		8		5	7	3		1

Puzzle 2

	3					8	7	1
	5	1				6		4
	4					3		
6		9		4			3	
	8	3		9	6	5	2	7
				8				
	2					8	6	
			8	6	4	2		3
7	6	8		2	9	4		

Puzzle 3

9	8				1		2	5
1	5							7
	6	7				1		8
3		6	9	1		5	8	
5	9	8	6			7	1	3
			8	3	5	6		9
					3	8		
4			5		8			6
	7	9				3		1

Puzzle 4

4	5	1	7			6		
		2	6	1	3			5
6	8		5	2	4	1		
9	7					5		
1	2						3	6
5		8	2	6	1		9	
		5			2		4	
2			1	9	5	3	6	
8							5	

Puzzle 5

	5				3	1	9	
	4	1			8	2	3	6
3	8		2	1			4	
9	3	7			2	8		
			5		4	3	1	9
					6	7		
	7		4	3		9	2	
1	9	5			7	4	8	3
	2	3				7	6	1

Puzzle 6

7		3			1			
5	6			8				4
		2	5					8
	7		8	3	2	9		1
2	9				4		7	
8	3		1	9			6	2
6	2					3		
3			9	7	8		2	6
	5	8		2	6	1		

Sudoku — Grid 1

9	4	7				5		
			9	1	3		7	4
	3		5		7	8	9	
4	1				2			9
	7			9		5	2	
	5	9		7			8	1
6				5		4	7	
		1	4		9		5	
	9					3	8	

Sudoku — Grid 2

8	2				9	7		
		6		1	4		2	
	1				8		6	9
6	9	1			7		3	
	8		5	9		1		6
		3	2			9	8	7
		2	9					1
			8			3	7	2
	3		1	7				

Sudoku — Grid 3

5		2	3	9	8	6		
6	8	1			4			
	9	4						8
			2	9				
4	2	8				9		
1		9	4					
2	6	7	5			1		
	1	3					7	5
9				7			8	6

Sudoku — Grid 4

		7	8	3	4	5		
4			7	2	8	6		
2	1	8	9		5			
					1	7		
5	4	9	6			3		
					3			
				1				5
8	2			5		6	3	
3			2		8		9	

Sudoku — Grid 5

7				2		1		8
6		2		5				
			3	8				6
			7	3	2	1		5
	3	1	8		5			4
	7		2		6			9
8				2		5	3	
	4			8	9		2	
	2	7	5		9		4	

Sudoku — Grid 6

	2	8	3		7	4	9	6
	9	7	6			8	3	
	3				9			8
7		9		3	4	8	6	2
			8				3	1
3					5			
6				8				
		5		6		9	2	4
				5	1			

Puzzle 1

5			6			9	1	2
6			7			8		3
		9		2				
		6	8	3	2			
						3	9	1
7		4		1		2	6	8
3	6		5				8	9
				9	8			6
	9	7				3	4	

Puzzle 2

9			4			1	5	6
3	4		9			1		2
1	8			5		9		
4			3		6		7	
			5	7	2	4	1	
			8	4	9		3	
	3	4						
5		9		3		7		4
			1	2				3

Puzzle 3

7		8	4	6			5	
				9		2		
1		9	7		2	8		4
	1		2	4				
8	5	4	9	3				1
9		2	5		1		3	6
2	9		6	1				8
	8			7	4			2
		6	8	2				7

Puzzle 4

			5			2	1	
		1	9	8				7
2			7	1				
9			4		8		6	1
	1						7	
7	6				1		4	8
4	5	6		2	7		9	3
1					3		8	
	7			9	5		2	6

Puzzle 5

				1	2			
2			7	3				
		1	5		8	2	7	
1				5		7		
	5	9		8			4	2
6	8		1				5	3
	3	4		7		6		
8		7		6		4		
	1	6	4	2	5		3	

Puzzle 6

8			7	1			2	3
2				4				9
1		7	5	9	2	8	4	6
		5		7	9	3		
				2		4		
		9	1	3				7
3	4	8	2					5
5				8	1			4
9							6	

Grid 1

		7	4			6	3	
6	8	2		1		9		
	9			6				
		4	3		1	8		
		9				1	7	6
7	1	8	9				2	
3		5	1		7	2		
9	7		8			4	1	3
			6	3	4	5		7

Grid 2

	1			8			3	6
5		3	2		1		9	
8	7	9		5		4		
2			1		7			
3	5					2	6	7
6		7	5			8	4	1
	2					6		
			3					
1		4			2	6		

Grid 3

1	2	3	5				7	
6	7	8	9		1		4	
5	9	4			8			1
	1	5	4					6
				3		5		2
			2			9	1	4
8			1				3	
9						4	2	8
	6		8		4		9	

Grid 4

	6	2				8		
3	5	4			7	6		
7		8	4	6		2	5	3
4		3	7			9	6	
9		5		4		7	2	8
		7		9				
2		9	1	7		5	4	
	4			2	9			
8	7						9	2

Grid 5

	9		6	3	2	8	1	4
	8		5			9	3	
4		2			9	6	5	
						5		9
	4			9			6	3
	5	9				7	2	
8	1							6
3		6			1	4		
			4			2		1

Grid 6

			3	9			4	
5	8			1		3		
		3		7		8		6
	6		1	4	7	2	9	5
	4	5	9	2	6		3	
		9				1	6	4
			2	3	9		5	1
4	3	2		6		9		
			7		4		2	

Puzzle 1

	5	9		1			6	3
	2		6				1	9
4	1			2		7		
				5			9	8
			1	6				
	6	4	3		8	1	7	
		1			6		5	7
2	9							
6	3	5		4	9		2	

Puzzle 2

8	7			2				6
9	3		6				7	
5		2	3		7	4		
	9		2		3	7	5	
	5		8		4	6	2	
	2			5	1	8		9
7	1			3	6	9		
3	8			7	2		6	
2					9			

Puzzle 3

5					2		4	
	6			3				8
	8	3	4	5			1	7
		7	3	1	4	6		2
4		2				8	9	1
1					8	4		
3	2						6	
	1				7	8		
7		8	5		1	2		9

Puzzle 4

3	5	1	8				9	
		7	3	4	1			
4		2	6				3	7
				8			4	1
9			1			6	7	
			2	6	4			
		6	4					9
		9		3	6		1	4
1	3	4	9	2				5

Puzzle 5

		3	6	1			7	9
2		6					4	1
1	7	4	2			6		3
4		7				1		
9		2	8		3		6	7
6	3	8			7		5	
7	4				9	1	2	6
	6		5			8		
	2	9	4					

Puzzle 6

				5			9	8
1	5	7		2	9	4		3
8				3	4		2	5
					5		4	1
	4	3	2	9			5	6
	1	5					7	9
	9			1	2	6		
3	7			8		9		
		1	9	4				

Puzzle 1

6		5					9	
	2	3		5		4		
7	9		6		3	2		
				8	7	3	4	5
2						7		
5				6			2	9
	5				6	9	8	4
	6	2		9				7
	7				4			

Puzzle 2

		4	5	8			6	7
1			2		9		3	4
8		6	3		4		5	1
6		9					2	5
7			6	2	5	4		
5	8		9				1	6
4		8			2		7	
	5	7		3		1		
2	1	3		5			9	8

Puzzle 3

2	8		5	7		4		6
		4	6		9			8
7			2			3		
9		2			7		4	
	3	1				2		
			8			9	6	
		5		9	6	1		
		9		8	2		7	4
4	2	8	7	1		6		

Puzzle 4

5			7	9		8		
6	3		4				2	9
				1				3
2			1					
3	1		8	6		7	9	
	4		3	5				
					8	4	5	
	5			3		9		8
9	6	8	5	4				

Puzzle 5

7	1	4		2	9		6	3
				1	3			
	6			5			9	
	9	2			1	7		
		5	3			6		9
			9	6	5		2	
9	5		1	4		3		
		1	5	3	6			
3		8		9	7		5	6

Puzzle 6

	3		5			9	7	
9				1	7			
			9		4		8	
4	1						2	6
				6				
	7	6	4		8	5	1	
6	5		8		2			
	8			9	1		4	
	9	4			5	2	6	8

Grid 1

				6	7	5	8	2
9		5		2	3		4	
6							9	
5	3	7				9		1
4		6						
8	1	2	6	5	9	4		3
1			5	9	6	7	2	
		9		7		8	3	5
	5		3					

Grid 2

	9		3	1	7		2	
			6					
		3	2	8		9	5	6
2						7	6	8
	3						1	9
1	6			7	2	5	4	
			1	9		6		2
	5		4				3	7
6				2			9	

Grid 3

		5	7			1	8	
7	6	1			9		4	5
2	4	8	1	5		6		
6	7	4		2	5			9
			9					4
		9	4		6		2	
	9	6				2		
	5	7	8	9			3	6
3					7			

Grid 4

	7	3	8				4	5
	9	6	1			3	2	8
		8		5				9
	1			6		9	7	
3		4		1			6	
9	6	7		3				
		9				5	8	4
		1	5				3	6
4		5	3		6	1	9	7

Grid 5

2	6	7	4	9	1	5	8	3
1		5		3	6			
	3				8	1	6	7
		4	6	1			5	
			9	7		3	1	
	5						7	9
		8					4	
6		3		8		9	2	
	9	2		6		8		1

Grid 6

						4		3
2	5	9				1	8	
4	3	8	9	7				6
	1							2
6				3	5		1	4
	9	5			4	3	6	8
5		1		8			3	
	7		3			2		
			5	4	6			1

		8	4			9	3	
1	9	4				5		7
			9	7	2		8	4
2	1			3		6		8
				5			9	2
9		7	2					5
	8					6		
6	7		1	2		5		
4		2		9			7	1

	7					4	3	
2	9		7				1	
3								7
9	3	6	5	1	2		7	
7	1	5		4	8			
8			6	9	7	5		1
	5	7	4	3	9	2		8
	2	3	8			9	1	5
6		9	2		1		4	

3		8				9		
		6	9	3	1			4
9			5				1	
	9			2	4	3		
5	8					2		7
2	4		3				9	8
	3	5	7					6
	7	9	1	6		5	3	2
	6	2		5			7	

	9	3			2	8		6
			1			3		
		5	9	3	6	1	4	
	7	4		1		2		
8	5			2		9		7
			8		9	5		
				8		6		
5	3		2	6				1
6	2		5		1	4	3	8

	1			2	8			5
		8				2	9	
		5						7
			9	5	4	2		
8			2	7			1	
			1		4	7	6	9
3	8		6	5				4
	9		8		7	6		
			9	4	2			

3	4	6			8		5	
						3		6
9	8				5			
		9	4			3		
		7		6		1	2	9
	2					4		7
6	9	4	1	3				
	3	8		7			4	1
			8			6		3

Puzzle 1

1		3	7	2				
7	9					8	4	3
		8		4	9		7	
							9	
		4	5	8	1	3		
3	1	7	2			5	8	
	7	6				4		9
4	3	1			7	2	5	
5	2			3		7		6

Puzzle 2

1				4	8	5		2
			9				1	8
			3	1	2	4	6	
2					5		7	9
6	3				9	8		
8		9					2	
	8	1		3		9	5	6
9		5		6	1			
	4	6	5	9	7	2		

Puzzle 3

	8		1	2	7	6		
	1	9	4		8	7		
			5					
	3				9	8		6
			3				1	2
4	2			8	1			
6				1	2	9	5	
9	5				6			7
3		2	9	4				8

Puzzle 4

		2					1	4
	9	4		5	7			8
	1				9		3	
6					4		9	2
	3	9	6	8			5	1
4			7	9	5			3
1	6				8	2		
2	4			6	3		7	5
				4				

Puzzle 5

	6	2			8	7		
4		8	7	6	9	3	2	
	7	1					8	6
		6	9					
1				7		9	5	8
8	9	5	2	1			6	
		4						
5	8	9	3	2		1	7	
	3		5	4	1			2

Puzzle 6

6	7		4				5	
	9	2	5	6	8	7		3
		5			1	2	6	
	8		3			4		
5	3		6		9			
		4	8		7	6		
7		9	2		6			4
4		1	9	7	3	5		8
3				5		9		

Puzzle 1

	8		4	3		5		9
	3		5	9		1	6	
6			2	1			7	3
4		8		7	9			
	1	3	6	2	5			
		7	8					
		6		5	3	8		
3				8	4			5
	9		1				4	

Puzzle 2

2	7	8			3	6	5	
						4		8
		5		7			2	
7				6	5			
			4	1	9			
1	5	4			7			
5	8				1	3		2
3	2	1		8	6			7
	9		3		2			

Puzzle 3

6		8				5	3	
9	5		3		4		1	8
	4						7	
	6				2			7
2				1	3	8		
4	1			6		2		
	8	4	2					
	3		9	4	6			1
1			7	5	8	4		3

Puzzle 4

		1	5			6		
6						2		
		3		6		8	5	9
		2	1	4		3		5
	6	8				3		
	3						8	7
2	4		6	8	5	1	9	3
5	9		2	3		7	4	
8		3		9	7	5	2	

Puzzle 5

1	9		4	3	7	8		
6	7	4	2			9		
3			1					4
	2	3		1			9	7
		1	5	9			8	6
	5			7	8	4		
5			7	4		6		
			8		1	7	5	3
2		7				4		

Puzzle 6

1		9	2	3	4			7
						1	6	
3		7				2		4
	2	6		4	3	7	1	
8			9			7	5	
7		4	6			5	3	
9						6	4	
			4					8
	4		5	7	2	9	3	1

Puzzle 1

2	3				5	7		
	1			4			3	5
7	6	5		9	3			
1			6	7		8		4
4		7				2	9	6
9				8	4	3	7	
5	7			1	6	9	2	
3	4		9				6	7
6		2	5			1		8

Puzzle 2

	3	5		6				
7		8		5		4		3
4			9			5		
		9			3		4	5
		3				1		7
6			5	2		9		8
8		4	3			2	7	6
9		7		1	2	3	5	4
3			7		6		1	

Puzzle 3

				3		5	9	
5		6	9	8	7		1	4
1				4			7	6
	4		5		9		3	8
8								9
		7	8			1	2	5
4	1		3	5	2	9		
	5			1			8	3
	7		4		8			

Puzzle 4

6		5	3	7	4	9		
8			1	5		2	7	
				9			4	6
			8	4		7	2	9
		7					1	
	5	2			7		6	
2		6	4		9			
5	4		7				3	
1		8		2	3			

Puzzle 5

1	9	7	2			3		4
6		5		3				
3		8			5	7		
8					2		3	
9	7	3			1	6		5
5	1							9
	5		3	2		8		
				5			9	3
			8			5	7	1

Puzzle 6

1			6				4	5
4	5	6	7			1	2	9
3				5		6		
	3	7			2			
		1	8	3	5			
								3
		8	2		7		3	6
	1	5	3	4	8		7	2
7	2		5		6		8	4

Puzzle 1

	3		1				2	5
		6	8		5			
		1		6		7	8	
	2	3		5	8		4	6
5		8			3			
9		4		7	6			3
			6	9		4		2
			5	3		9	6	
		2		8	4	5	3	1

Puzzle 2

3			6			8	4	
5	4			3			2	
1			4	8	5			9
4	8		2			9	5	3
6				1				
2		7	8	5	3	4		
8			3	9		7	6	4
7	6	3						5
	1			6		3		

Puzzle 3

2	4		5	9	1		6	3
	9							
6	1			2		5		
	2	4	6				9	7
1	6	3	9			4		
	5	9	2		3			
		2	7	3	6	9	4	1
		1			2			
4	7	6	1	5				

Puzzle 4

	4					7	1	
			4	9		8	3	
6	3				1			
9	6	8	1			5		
4		3			6	9		
1	7	2		4	9			
			6			2	9	3
3	2			7	8	4		5
	9		2	3	4		8	7

Puzzle 5

	6		4	8		2	9	7
1		9		6				
8		7	9	5				6
	8	4	5				6	
		1	8	2	6	5	7	
2			1	4				3
				5			2	9
	7				6	5		
5					4	7		8

Puzzle 6

		9		1	4	8		5
	5		9				1	
		6	7				9	
	3	5	1		2	4		
2				7	6			1
	9		5	4	6		8	3
						1	6	2
	1	3						
5					1			8

Puzzle 1

		5	6	1		3	8	
6			9	3	5		1	7
		1			2	5		6
2				8	3	1		
5			2		9			3
	9	4	7		1	6		
	6	7		9		2		5
		3		7	4			1
			3	2			7	4

Puzzle 2

	2		9	8	3	7	1	5
	7	1	6	5			9	2
	5			2			8	
6			4	1	8			
5		2	3		7		6	1
		9	5				7	3
3		4		7	9		5	
		5	8				4	7
7	9		1		5		3	

Puzzle 3

						5	2	7
	4		1	5				8
			3			1		9
4						8		
8	3	1			4			5
5	6				8	9	3	
7			6		3		8	1
	8				1	4		
1		3			5		9	

Puzzle 4

				8		6	4	
	4	1	9	6	7	5		
	6	8	4			7		3
	7				2	4	8	1
		5	1			2		
4			7	3	8			6
7	5	4				8		
		6	8			9	1	4
		9		7	4	3		5

Puzzle 5

9	8						7	5
	4	1			2	6	8	3
	2	6		8	3	9		
	9	2				5		
8			1	5	9		6	
	1	5		2	6	7	9	8
			8	6	5	3	2	
	6				4		5	7
		9	2	1			4	

Puzzle 6

	4					2	1	5
2		5		4		7	3	9
	9				5			
		4				1	2	
7	1	2			4			
6	8				2		4	
3				2		9		
9		8		5	6			1
4	5			9	3		8	

Puzzle 1

6	9			7	2			
7		1	6					
5	2	4			8			
2	4	6						
	1	5			3			7
		7		6	9	5		
	5	2					7	1
	7	8	5		1	2	4	
	6	9	7	2				5

Puzzle 2

6	4		7			2	9	
		7			4		5	1
	2					7		6
5	6		3	9			1	7
	8	3	1		6			9
9	7				2		6	
8			9		3			2
2		9	5			6	3	4
	3		2	6				

Puzzle 3

		3	8			1		5
	1		7	5				9
6	8			1		7		
	4	7		9	6	2	5	8
	2	8	3	5				
2	6		5		1		4	7
5	3		7		8		9	
8	7	1			9	5		

Puzzle 4

	2	6	3		7	5		9
7	3	9	6		5	8		1
1		5	2			7		6
	6		5	9	3	1	7	2
					2	6		4
	7	2						
6				3			8	7
2	8			5		9		
	1	3				4		

Puzzle 5

6	9	8	5			1		
1	3	5	8	7	2	9	6	4
	2			9				
9		4		3			1	
3			1		4	6		5
8	1			5				
7	6	1	4			5		
		3	7			2		1
2	4	9		1	5			

Puzzle 6

1				5	6	8		2
2	6	5		8		7		
		8	7	1		3	5	6
7				3			6	
5	2				8	1		
		3		9	2		4	
	7			2	4	6	8	
6		4		1				3
	8	2				4		

Solutions

Grid 1

1	7	6	9	3	5	8	2	4
8	9	4	6	1	2	7	3	5
5	2	3	4	7	8	9	6	1
4	3	2	7	8	9	1	5	6
7	5	1	2	6	4	3	8	9
6	8	9	3	5	1	2	4	7
3	6	8	5	9	7	4	1	2
2	1	7	8	4	6	5	9	3
9	4	5	1	2	3	6	7	8

Grid 2

1	5	4	7	2	3	9	6	8
6	7	3	4	8	9	5	1	2
8	2	9	6	1	5	7	4	3
9	8	1	2	5	6	3	7	4
2	6	7	3	4	1	8	5	9
4	3	5	8	9	7	1	2	6
5	1	6	9	3	2	4	8	7
7	9	8	1	6	4	2	3	5
3	4	2	5	7	8	6	9	1

Grid 3

7	2	9	3	6	5	8	1	4
4	3	8	1	2	7	5	9	6
5	6	1	8	9	4	7	2	3
2	5	6	9	7	8	4	3	1
3	8	4	2	5	1	6	7	9
1	9	7	4	3	6	2	5	8
8	4	2	5	1	9	3	6	7
9	7	3	6	8	2	1	4	5
6	1	5	7	4	3	9	8	2

Grid 4

2	4	5	3	9	8	7	6	1
7	8	9	6	1	4	2	3	5
3	6	1	5	2	7	4	8	9
9	2	7	1	5	3	6	4	8
6	5	4	8	7	2	1	9	3
1	3	8	9	4	6	5	2	7
4	9	2	7	8	1	3	5	6
5	7	3	4	6	9	8	1	2
8	1	6	2	3	5	9	7	4

Grid 5

4	3	9	5	7	6	8	1	2
2	5	7	8	4	1	3	6	9
6	1	8	2	9	3	5	4	7
3	7	6	4	5	9	2	8	1
5	8	2	3	1	7	6	9	4
1	9	4	6	2	8	7	3	5
7	4	3	1	8	2	9	5	6
8	2	5	9	6	4	1	7	3
9	6	1	7	3	5	4	2	8

Grid 6

4	2	1	6	3	8	7	5	9
5	9	6	7	1	4	3	2	8
3	7	8	9	2	5	4	1	6
1	4	2	5	8	3	6	9	7
8	5	7	2	6	9	1	3	4
9	6	3	1	4	7	2	8	5
2	1	4	8	5	6	9	7	3
6	8	9	3	7	1	5	4	2
7	3	5	4	9	2	8	6	1

Grid 1

4	1	9	8	5	2	7	3	6
3	8	5	1	7	6	4	9	2
6	2	7	9	3	4	8	1	5
5	3	6	2	8	7	1	4	9
1	9	8	5	4	3	2	6	7
2	7	4	6	9	1	3	5	8
9	4	2	7	1	5	6	8	3
7	5	1	3	6	8	9	2	4
8	6	3	4	2	9	5	7	1

Grid 2

1	2	5	7	8	9	4	3	6
6	4	7	5	1	3	8	2	9
9	3	8	6	4	2	5	7	1
4	7	6	3	2	1	9	8	5
3	9	1	8	5	4	7	6	2
8	5	2	9	6	7	3	1	4
5	1	9	2	3	8	6	4	7
7	8	4	1	9	6	2	5	3
2	6	3	4	7	5	1	9	8

Grid 3

6	2	9	7	1	3	4	8	5
3	4	5	8	6	2	7	1	9
7	8	1	9	5	4	2	3	6
4	5	7	3	8	1	6	9	2
1	9	3	2	4	6	5	7	8
8	6	2	5	9	7	3	4	1
2	3	6	1	7	8	9	5	4
9	7	8	4	2	5	1	6	3
5	1	4	6	3	9	8	2	7

Grid 4

7	3	1	9	2	8	5	6	4
4	6	2	3	5	7	9	1	8
9	8	5	6	4	1	3	2	7
8	1	7	2	9	3	4	5	6
6	2	9	4	7	5	8	3	1
3	5	4	8	1	6	7	9	2
1	9	6	7	3	4	2	8	5
5	4	3	1	8	2	6	7	9
2	7	8	5	6	9	1	4	3

Grid 5

5	2	3	4	9	6	7	8	1
9	1	7	3	8	2	4	6	5
6	4	8	5	7	1	2	9	3
3	8	2	9	5	7	1	4	6
1	7	9	2	6	4	5	3	8
4	5	6	8	1	3	9	2	7
2	6	5	1	4	8	3	7	9
8	3	1	7	2	9	6	5	4
7	9	4	6	3	5	8	1	2

Grid 6

3	6	4	2	1	8	9	7	5
7	1	5	4	9	6	2	3	8
8	2	9	3	5	7	4	1	6
6	3	7	5	2	1	8	9	4
4	5	8	6	3	9	7	2	1
1	9	2	7	8	4	5	6	3
2	4	6	8	7	3	1	5	9
5	8	1	9	6	2	3	4	7
9	7	3	1	4	5	6	8	2

Grid 1

9	5	8	6	1	3	7	2	4
6	7	1	4	9	2	5	3	8
2	3	4	5	7	8	1	6	9
3	4	5	1	2	9	6	8	7
1	9	7	3	8	6	4	5	2
8	2	6	7	5	4	9	1	3
4	8	3	9	6	1	2	7	5
5	1	2	8	4	7	3	9	6
7	6	9	2	3	5	8	4	1

Grid 2

2	7	1	4	9	6	5	8	3
4	6	5	3	8	7	9	1	2
9	3	8	1	5	2	6	4	7
5	1	7	2	3	8	4	6	9
8	9	6	7	4	5	2	3	1
3	2	4	9	6	1	8	7	5
1	8	2	6	7	9	3	5	4
6	4	9	5	1	3	7	2	8
7	5	3	8	2	4	1	9	6

Grid 3

4	2	1	5	6	9	3	7	8
3	7	8	1	2	4	6	9	5
9	5	6	7	8	3	2	1	4
7	4	3	9	1	6	5	8	2
2	8	5	3	4	7	1	6	9
6	1	9	8	5	2	7	4	3
1	6	4	2	3	8	9	5	7
5	9	2	4	7	1	8	3	6
8	3	7	6	9	5	4	2	1

Grid 4

2	9	1	6	7	4	5	8	3
3	5	4	8	2	9	7	6	1
7	6	8	3	5	1	4	9	2
4	2	9	5	3	8	1	7	6
6	8	5	1	4	7	2	3	9
1	7	3	9	6	2	8	5	4
9	3	7	4	1	5	6	2	8
8	4	2	7	9	6	3	1	5
5	1	6	2	8	3	9	4	7

Grid 5

1	4	8	9	7	3	5	2	6
9	7	5	2	4	6	3	8	1
2	6	3	1	5	8	4	9	7
3	2	9	8	6	1	7	5	4
5	1	7	4	3	2	8	6	9
6	8	4	5	9	7	2	1	3
7	9	6	3	2	5	1	4	8
8	3	2	6	1	4	9	7	5
4	5	1	7	8	9	6	3	2

Grid 6

3	7	5	2	6	8	1	9	4
6	9	1	4	5	7	3	2	8
4	8	2	3	9	1	5	7	6
8	1	6	7	4	3	9	5	2
7	4	3	9	2	5	6	8	1
5	2	9	8	1	6	7	4	3
2	6	8	1	7	9	4	3	5
1	3	7	5	8	4	2	6	9
9	5	4	6	3	2	8	1	7

7	5	3	6	2	1	4	8	9
9	6	8	3	7	4	2	1	5
1	2	4	9	8	5	3	6	7
4	1	6	7	9	3	5	2	8
8	9	2	1	5	6	7	3	4
5	3	7	8	4	2	6	9	1
6	7	1	4	3	9	8	5	2
3	8	5	2	1	7	9	4	6
2	4	9	5	6	8	1	7	3

6	1	9	7	8	2	3	4	5
5	3	4	6	9	1	7	2	8
7	2	8	4	3	5	9	6	1
1	9	6	2	4	7	8	5	3
3	5	2	9	6	8	1	7	4
8	4	7	1	5	3	2	9	6
4	8	5	3	2	9	6	1	7
2	6	1	8	7	4	5	3	9
9	7	3	5	1	6	4	8	2

3	7	8	9	1	6	5	4	2
1	4	9	5	8	2	3	6	7
2	6	5	7	4	3	1	8	9
7	8	1	6	5	9	2	3	4
6	9	3	1	2	4	7	5	8
4	5	2	8	3	7	9	1	6
9	1	6	4	7	5	8	2	3
8	2	4	3	9	1	6	7	5
5	3	7	2	6	8	4	9	1

3	1	4	6	9	7	5	2	8
9	8	7	5	3	2	4	1	6
5	6	2	8	4	1	9	3	7
1	9	5	7	8	3	2	6	4
7	4	6	9	2	5	3	8	1
8	2	3	1	6	4	7	9	5
4	7	9	2	1	6	8	5	3
2	5	1	3	7	8	6	4	9
6	3	8	4	5	9	1	7	2

5	1	9	6	8	3	7	4	2
7	3	2	4	1	9	5	8	6
4	6	8	7	5	2	3	9	1
1	4	7	3	2	6	9	5	8
3	8	6	1	9	5	2	7	4
2	9	5	8	4	7	1	6	3
9	2	4	5	6	1	8	3	7
8	5	3	2	7	4	6	1	9
6	7	1	9	3	8	4	2	5

3	8	7	6	2	1	5	9	4
5	2	1	9	4	7	6	3	8
6	4	9	5	8	3	2	7	1
9	3	2	1	6	8	4	5	7
7	6	8	3	5	4	9	1	2
1	5	4	7	9	2	8	6	3
2	7	6	8	1	9	3	4	5
4	9	3	2	7	5	1	8	6
8	1	5	4	3	6	7	2	9

5	4	6	8	9	3	7	2	1
9	1	8	2	7	6	4	3	5
3	7	2	4	1	5	9	6	8
2	3	9	1	5	8	6	4	7
7	8	4	9	6	2	5	1	3
1	6	5	7	3	4	8	9	2
4	5	7	6	2	1	3	8	9
6	9	1	3	8	7	2	5	4
8	2	3	5	4	9	1	7	6

5	1	7	9	3	8	4	6	2
6	4	8	5	2	7	3	1	9
3	9	2	6	1	4	8	5	7
4	5	6	1	9	2	7	8	3
7	2	1	8	6	3	5	9	4
9	8	3	7	4	5	1	2	6
2	7	9	3	8	1	6	4	5
1	3	4	2	5	6	9	7	8
8	6	5	4	7	9	2	3	1

6	5	3	8	7	9	1	4	2
2	9	1	4	3	6	7	8	5
8	4	7	5	1	2	9	3	6
9	2	5	1	4	3	6	7	8
1	8	6	9	5	7	4	2	3
3	7	4	2	6	8	5	1	9
7	6	9	3	8	1	2	5	4
4	1	8	6	2	5	3	9	7
5	3	2	7	9	4	8	6	1

1	7	9	3	5	4	2	8	6
8	4	2	7	1	6	9	3	5
3	5	6	8	2	9	1	4	7
4	8	7	1	6	5	3	9	2
9	1	3	4	7	2	6	5	8
6	2	5	9	3	8	4	7	1
5	3	1	6	9	7	8	2	4
2	9	8	5	4	1	7	6	3
7	6	4	2	8	3	5	1	9

8	6	1	3	2	9	7	4	5
7	3	2	6	5	4	1	9	8
4	9	5	7	8	1	6	2	3
6	5	4	9	3	8	2	1	7
3	7	9	4	1	2	8	5	6
2	1	8	5	7	6	4	3	9
1	4	7	8	9	5	3	6	2
5	8	6	2	4	3	9	7	1
9	2	3	1	6	7	5	8	4

7	4	2	9	1	5	3	6	8
8	1	6	3	2	4	7	9	5
5	3	9	8	6	7	1	4	2
1	5	4	6	3	8	9	2	7
2	8	3	1	7	9	6	5	4
9	6	7	5	4	2	8	3	1
4	2	1	7	9	3	5	8	6
3	7	8	2	5	6	4	1	9
6	9	5	4	8	1	2	7	3

4	5	9	7	2	8	1	3	6
7	3	2	6	4	1	5	8	9
1	6	8	3	9	5	4	7	2
6	1	5	4	8	3	2	9	7
3	8	7	2	5	9	6	4	1
9	2	4	1	7	6	8	5	3
8	9	1	5	3	2	7	6	4
2	4	3	8	6	7	9	1	5
5	7	6	9	1	4	3	2	8

2	7	6	3	5	9	8	1	4
4	5	9	2	1	8	6	3	7
8	3	1	7	6	4	2	5	9
6	4	8	5	2	1	9	7	3
7	9	5	8	3	6	4	2	1
3	1	2	9	4	7	5	6	8
1	2	7	4	8	5	3	9	6
9	8	3	6	7	2	1	4	5
5	6	4	1	9	3	7	8	2

9	4	6	7	8	5	2	1	3
1	7	2	9	6	3	4	5	8
5	3	8	2	4	1	9	6	7
7	1	5	6	9	8	3	4	2
8	9	4	3	5	2	1	7	6
6	2	3	1	7	4	5	8	9
2	8	1	4	3	6	7	9	5
4	5	9	8	2	7	6	3	1
3	6	7	5	1	9	8	2	4

9	5	2	6	1	7	4	8	3
1	7	8	3	4	9	6	2	5
3	4	6	8	2	5	1	7	9
8	6	1	5	9	2	3	4	7
4	3	5	1	7	8	9	6	2
2	9	7	4	3	6	8	5	1
7	8	9	2	6	1	5	3	4
5	2	4	9	8	3	7	1	6
6	1	3	7	5	4	2	9	8

2	7	1	6	3	4	9	5	8
9	8	3	5	1	2	6	7	4
5	4	6	9	7	8	3	2	1
4	6	9	7	5	1	8	3	2
1	2	5	3	8	9	7	4	6
8	3	7	2	4	6	1	9	5
3	1	8	4	9	5	2	6	7
7	5	2	1	6	3	4	8	9
6	9	4	8	2	7	5	1	3

7	4	1	5	9	2	8	3	6
9	5	3	6	1	8	7	4	2
8	2	6	4	7	3	5	9	1
1	7	4	8	6	5	3	2	9
2	8	5	9	3	1	6	7	4
3	6	9	2	4	7	1	8	5
5	3	7	1	2	4	9	6	8
6	1	2	3	8	9	4	5	7
4	9	8	7	5	6	2	1	3

2	5	3	8	6	4	7	1	9
8	6	7	1	9	5	4	3	2
1	4	9	7	2	3	6	5	8
3	1	6	4	7	9	8	2	5
9	8	2	5	3	6	1	7	4
5	7	4	2	8	1	9	6	3
6	9	1	3	4	2	5	8	7
7	3	5	9	1	8	2	4	6
4	2	8	6	5	7	3	9	1

9	3	6	4	5	8	7	1	2
2	5	1	9	3	7	6	8	4
8	4	7	6	1	2	3	9	5
6	7	9	2	4	5	1	3	8
4	8	3	1	9	6	5	2	7
5	1	2	7	8	3	9	4	6
3	2	4	5	7	1	8	6	9
1	9	5	8	6	4	2	7	3
7	6	8	3	2	9	4	5	1

9	8	3	7	6	1	4	2	5
1	5	4	3	8	2	9	6	7
2	6	7	4	5	9	1	3	8
3	4	6	9	1	7	5	8	2
5	9	8	6	2	4	7	1	3
7	1	2	8	3	5	6	4	9
6	2	5	1	7	3	8	9	4
4	3	1	5	9	8	2	7	6
8	7	9	2	4	6	3	5	1

4	5	1	7	8	9	6	2	3
7	9	2	6	1	3	4	8	5
6	8	3	5	2	4	1	7	9
9	7	6	4	3	8	5	1	2
1	2	4	9	5	7	8	3	6
5	3	8	2	6	1	7	9	4
3	6	5	8	7	2	9	4	1
2	4	7	1	9	5	3	6	8
8	1	9	3	4	6	2	5	7

6	5	2	7	4	3	1	9	8
7	4	1	9	5	8	2	3	6
3	8	9	2	1	6	5	4	7
9	3	7	1	6	2	8	5	4
2	6	8	5	7	4	3	1	9
5	1	4	3	8	9	6	7	2
8	7	6	4	3	1	9	2	5
1	9	5	6	2	7	4	8	3
4	2	3	8	9	5	7	6	1

7	8	3	2	4	1	6	9	5
5	6	9	7	8	3	2	1	4
1	4	2	5	6	9	7	3	8
4	7	6	8	3	2	9	5	1
2	9	1	6	5	4	8	7	3
8	3	5	1	9	7	4	6	2
6	2	7	4	1	5	3	8	9
3	1	4	9	7	8	5	2	6
9	5	8	3	2	6	1	4	7

9	4	7	2	6	8	5	1	3
8	6	5	9	1	3	2	7	4
1	3	2	5	4	7	8	9	6
4	1	8	3	5	2	7	6	9
3	7	6	1	8	9	4	5	2
2	5	9	6	7	4	3	8	1
6	2	3	8	9	5	1	4	7
7	8	1	4	3	6	9	2	5
5	9	4	7	2	1	6	3	8

8	2	4	6	5	9	7	1	3
9	7	6	3	1	4	5	2	8
3	1	5	7	2	8	4	6	9
6	9	1	4	8	7	2	3	5
2	8	7	5	9	3	1	4	6
4	5	3	2	6	1	9	8	7
7	4	2	9	3	6	8	5	1
1	6	9	8	4	5	3	7	2
5	3	8	1	7	2	6	9	4

5	7	2	3	9	8	6	1	4
6	8	1	2	5	4	7	9	3
3	9	4	7	6	1	5	2	8
7	3	6	8	2	9	4	5	1
4	2	8	6	1	5	9	3	7
1	5	9	4	3	7	8	6	2
2	6	7	5	8	3	1	4	9
8	1	3	9	4	6	2	7	5
9	4	5	1	7	2	3	8	6

9	6	7	8	3	4	5	2	1
4	3	5	1	7	2	8	6	9
2	1	8	9	6	5	4	7	3
6	8	3	5	9	1	7	4	2
5	4	9	6	2	7	3	1	8
1	7	2	4	8	3	9	5	6
7	9	4	3	1	6	2	8	5
8	2	1	7	5	9	6	3	4
3	5	6	2	4	8	1	9	7

7	5	3	6	2	4	1	9	8
6	8	2	9	5	1	4	3	7
1	9	4	3	8	7	5	2	6
9	6	8	4	7	3	2	1	5
2	3	1	8	9	5	7	6	4
4	7	5	2	1	6	3	8	9
8	1	9	7	4	2	6	5	3
5	4	6	1	3	8	9	7	2
3	2	7	5	6	9	8	4	1

5	2	8	3	1	7	4	9	6
4	9	7	6	2	8	3	1	5
1	3	6	5	4	9	2	7	8
7	5	9	1	3	4	8	6	2
2	6	4	8	9	5	7	3	1
3	8	1	2	7	6	5	4	9
6	4	3	9	8	2	1	5	7
8	1	5	7	6	3	9	2	4
9	7	2	4	5	1	6	8	3

5	7	3	6	8	4	9	1	2
6	2	1	7	5	9	8	4	3
4	8	9	3	2	1	6	5	7
9	1	6	8	3	2	5	7	4
2	5	8	4	7	6	3	9	1
7	3	4	9	1	5	2	6	8
3	6	2	5	4	7	1	8	9
1	4	5	2	9	8	7	3	6
8	9	7	1	6	3	4	2	5

9	7	2	4	8	1	3	5	6
3	4	5	9	6	7	1	8	2
1	8	6	2	5	3	9	4	7
4	5	8	3	1	6	2	7	9
6	9	3	5	7	2	4	1	8
7	2	1	8	4	9	6	3	5
2	3	4	7	9	5	8	6	1
5	1	9	6	3	8	7	2	4
8	6	7	1	2	4	5	9	3

7	2	8	4	6	3	1	5	9
4	6	5	1	9	8	2	7	3
1	3	9	7	5	2	8	6	4
6	1	3	2	4	7	9	8	5
8	5	4	9	3	6	7	2	1
9	7	2	5	8	1	4	3	6
2	9	7	6	1	5	3	4	8
5	8	1	3	7	4	6	9	2
3	4	6	8	2	9	5	1	7

6	8	7	5	3	4	2	1	9
5	4	1	9	8	2	6	3	7
2	3	9	7	1	6	8	5	4
9	2	5	4	7	8	3	6	1
8	1	4	3	6	9	5	7	2
7	6	3	2	5	1	9	4	8
4	5	6	8	2	7	1	9	3
1	9	2	6	4	3	7	8	5
3	7	8	1	9	5	4	2	6

4	7	5	6	1	2	3	9	8
2	9	8	7	3	4	5	6	1
3	6	1	5	9	8	2	7	4
1	4	3	2	5	9	7	8	6
7	5	9	3	8	6	1	4	2
6	8	2	1	4	7	9	5	3
5	3	4	8	7	1	6	2	9
8	2	7	9	6	3	4	1	5
9	1	6	4	2	5	8	3	7

8	9	4	7	1	6	5	2	3
2	5	6	8	4	3	1	7	9
1	3	7	5	9	2	8	4	6
6	1	5	4	7	9	3	8	2
7	8	3	6	2	5	4	9	1
4	2	9	1	3	8	6	5	7
3	4	8	2	6	7	9	1	5
5	6	2	9	8	1	7	3	4
9	7	1	3	5	4	2	6	8

Grid 1

1	5	7	4	8	9	6	3	2
6	8	2	7	1	3	9	4	5
4	9	3	5	6	2	7	8	1
2	6	4	3	7	1	8	5	9
5	3	9	2	4	8	1	7	6
7	1	8	9	5	6	3	2	4
3	4	5	1	9	7	2	6	8
9	7	6	8	2	5	4	1	3
8	2	1	6	3	4	5	9	7

Grid 2

4	1	2	7	8	9	5	3	6
5	6	3	2	4	1	7	9	8
8	7	9	6	5	3	4	1	2
2	4	8	1	6	7	3	5	9
3	5	1	4	9	8	2	6	7
6	9	7	5	3	2	8	4	1
7	2	5	9	1	4	6	8	3
9	8	6	3	7	5	1	2	4
1	3	4	8	2	6	9	7	5

Grid 3

1	2	3	5	4	6	8	7	9
6	7	8	9	2	1	5	4	3
5	9	4	7	3	8	2	6	1
2	1	5	4	7	9	3	8	6
4	8	9	6	1	3	7	5	2
7	3	6	2	8	5	9	1	4
8	4	7	1	9	2	6	3	5
9	5	1	3	6	7	4	2	8
3	6	2	8	5	4	1	9	7

Grid 4

1	6	2	9	5	3	8	7	4
3	5	4	2	8	7	6	1	9
7	9	8	4	6	1	2	5	3
4	8	3	7	1	2	9	6	5
9	1	5	3	4	6	7	2	8
6	2	7	8	9	5	4	3	1
2	3	9	1	7	8	5	4	6
5	4	1	6	2	9	3	8	7
8	7	6	5	3	4	1	9	2

Grid 5

5	9	7	6	3	2	8	1	4
6	8	1	5	7	4	9	3	2
4	3	2	8	1	9	6	5	7
7	6	3	1	2	8	5	4	9
2	4	8	7	9	5	1	6	3
1	5	9	3	4	6	7	2	8
8	1	4	2	5	7	3	9	6
3	2	6	9	8	1	4	7	5
9	7	5	4	6	3	2	8	1

Grid 6

6	1	7	3	9	8	5	4	2
5	8	4	6	1	2	3	7	9
2	9	3	4	7	5	8	1	6
3	6	8	1	4	7	2	9	5
1	4	5	9	2	6	7	3	8
7	2	9	8	5	3	1	6	4
8	7	6	2	3	9	4	5	1
4	3	2	5	6	1	9	8	7
9	5	1	7	8	4	6	2	3

7	5	9	8	1	4	2	6	3
3	2	8	6	7	5	4	1	9
4	1	6	9	2	3	7	8	5
1	7	3	4	5	2	6	9	8
9	8	2	1	6	7	5	3	4
5	6	4	3	9	8	1	7	2
8	4	1	2	3	6	9	5	7
2	9	7	5	8	1	3	4	6
6	3	5	7	4	9	8	2	1

8	7	4	9	2	5	3	1	6
9	3	1	6	4	8	2	7	5
5	6	2	3	1	7	4	9	8
4	9	8	2	6	3	7	5	1
1	5	7	8	9	4	6	2	3
6	2	3	7	5	1	8	4	9
7	1	5	4	3	6	9	8	2
3	8	9	5	7	2	1	6	4
2	4	6	1	8	9	5	3	7

5	7	1	8	9	2	3	4	6
9	6	4	1	3	7	5	2	8
2	8	3	4	5	6	9	1	7
8	9	7	3	1	4	6	5	2
4	3	2	6	7	5	8	9	1
1	5	6	9	2	8	4	7	3
3	2	5	7	8	9	1	6	4
6	1	9	2	4	3	7	8	5
7	4	8	5	6	1	2	3	9

3	5	1	8	7	2	4	9	6
6	9	7	3	4	1	2	5	8
4	8	2	6	9	5	1	3	7
2	6	3	7	8	9	5	4	1
9	4	8	1	5	3	6	7	2
7	1	5	2	6	4	9	8	3
5	7	6	4	1	8	3	2	9
8	2	9	5	3	6	7	1	4
1	3	4	9	2	7	8	6	5

5	8	3	6	1	4	2	7	9
2	9	6	7	3	8	5	4	1
1	7	4	2	9	5	6	8	3
4	5	7	9	2	6	3	1	8
9	1	2	8	5	3	4	6	7
6	3	8	1	4	7	9	5	2
7	4	5	3	8	9	1	2	6
3	6	1	5	7	2	8	9	4
8	2	9	4	6	1	7	3	5

4	3	2	6	5	7	1	9	8
1	5	7	8	2	9	4	6	3
8	6	9	1	3	4	7	2	5
9	8	6	3	7	5	2	4	1
7	4	3	2	9	1	8	5	6
2	1	5	4	6	8	3	7	9
5	9	8	7	1	2	6	3	4
3	7	4	5	8	6	9	1	2
6	2	1	9	4	3	5	8	7

6	8	5	4	7	2	1	9	3
1	2	3	8	5	9	4	7	6
7	9	4	6	1	3	2	5	8
9	1	6	2	8	7	3	4	5
2	3	8	9	4	5	7	6	1
5	4	7	3	6	1	8	2	9
3	5	1	7	2	6	9	8	4
4	6	2	1	9	8	5	3	7
8	7	9	5	3	4	6	1	2

3	2	4	5	8	1	9	6	7
1	7	5	2	6	9	8	3	4
8	9	6	3	7	4	2	5	1
6	4	9	7	1	8	3	2	5
7	3	1	6	2	5	4	8	9
5	8	2	9	4	3	7	1	6
4	6	8	1	9	2	5	7	3
9	5	7	8	3	6	1	4	2
2	1	3	4	5	7	6	9	8

2	8	3	5	7	1	4	9	6
1	5	4	6	3	9	7	2	8
7	9	6	2	4	8	3	1	5
9	6	2	1	5	7	8	4	3
8	3	1	9	6	4	2	5	7
5	4	7	8	2	3	9	6	1
3	7	5	4	9	6	1	8	2
6	1	9	3	8	2	5	7	4
4	2	8	7	1	5	6	3	9

5	2	1	7	9	3	8	6	4
6	3	7	4	8	5	1	2	9
8	9	4	2	1	6	5	7	3
2	8	6	1	7	9	3	4	5
3	1	5	8	6	4	7	9	2
7	4	9	3	5	2	6	8	1
1	7	3	9	2	8	4	5	6
4	5	2	6	3	7	9	1	8
9	6	8	5	4	1	2	3	7

7	1	4	8	2	9	5	6	3
5	2	9	6	1	3	8	4	7
8	6	3	7	5	4	2	9	1
6	9	2	4	8	1	7	3	5
4	8	5	3	7	2	6	1	9
1	3	7	9	6	5	4	2	8
9	5	6	1	4	8	3	7	2
2	7	1	5	3	6	9	8	4
3	4	8	2	9	7	1	5	6

2	3	1	5	8	6	9	7	4
9	4	8	2	1	7	6	5	3
5	6	7	9	3	4	1	8	2
4	1	9	7	5	3	8	2	6
8	2	5	1	6	9	4	3	7
3	7	6	4	2	8	5	1	9
6	5	3	8	4	2	7	9	1
7	8	2	6	9	1	3	4	5
1	9	4	3	7	5	2	6	8

3	4	1	9	6	7	5	8	2
9	7	5	8	2	3	1	4	6
6	2	8	4	1	5	3	9	7
5	3	7	2	4	8	9	6	1
4	9	6	7	3	1	2	5	8
8	1	2	6	5	9	4	7	3
1	8	3	5	9	6	7	2	4
2	6	9	1	7	4	8	3	5
7	5	4	3	8	2	6	1	9

5	9	6	3	1	7	8	2	4
4	2	8	6	5	9	3	7	1
7	1	3	2	8	4	9	5	6
2	4	5	9	3	1	7	6	8
8	3	7	5	4	6	2	1	9
1	6	9	8	7	2	5	4	3
3	7	4	1	9	5	6	8	2
9	5	2	4	6	8	1	3	7
6	8	1	7	2	3	4	9	5

9	3	5	7	6	4	1	8	2
7	6	1	2	8	9	3	4	5
2	4	8	1	5	3	6	9	7
6	7	4	3	2	5	8	1	9
5	2	3	9	1	8	7	6	4
8	1	9	4	7	6	5	2	3
4	9	6	5	3	1	2	7	8
1	5	7	8	9	2	4	3	6
3	8	2	6	4	7	9	5	1

1	7	3	8	9	2	6	4	5
5	9	6	1	7	4	3	2	8
2	4	8	6	5	3	7	1	9
8	1	2	4	6	5	9	7	3
3	5	4	9	1	7	8	6	2
9	6	7	2	3	8	4	5	1
6	3	9	7	2	1	5	8	4
7	8	1	5	4	9	2	3	6
4	2	5	3	8	6	1	9	7

2	6	7	4	9	1	5	8	3
1	8	5	7	3	6	4	9	2
4	3	9	2	5	8	1	6	7
9	7	4	6	1	3	2	5	8
8	2	6	9	7	5	3	1	4
3	5	1	8	4	2	6	7	9
5	1	8	3	2	9	7	4	6
6	4	3	1	8	7	9	2	5
7	9	2	5	6	4	8	3	1

1	6	7	8	5	2	4	9	3
2	5	9	4	6	3	1	8	7
4	3	8	9	7	1	5	2	6
3	1	4	6	9	8	7	5	2
6	8	2	7	3	5	9	1	4
7	9	5	1	2	4	3	6	8
5	4	1	2	8	7	6	3	9
8	7	6	3	1	9	2	4	5
9	2	3	5	4	6	8	7	1

7	2	8	4	1	5	9	3	6
1	9	4	8	6	3	5	2	7
3	5	6	9	7	2	1	8	4
2	1	5	7	3	9	6	4	8
8	4	3	6	5	1	7	9	2
9	6	7	2	8	4	3	1	5
5	8	1	3	4	7	2	6	9
6	7	9	1	2	8	4	5	3
4	3	2	5	9	6	8	7	1

5	7	1	9	6	4	3	8	2
2	9	4	7	8	3	1	5	6
3	6	8	1	2	5	4	9	7
9	3	6	5	1	2	8	7	4
7	1	5	3	4	8	6	2	9
8	4	2	6	9	7	5	3	1
1	5	7	4	3	9	2	6	8
4	2	3	8	7	6	9	1	5
6	8	9	2	5	1	7	4	3

3	1	8	2	4	7	9	6	5
7	5	6	9	3	1	8	2	4
9	2	4	5	8	6	7	1	3
6	9	7	8	2	4	3	5	1
5	8	3	6	1	9	2	4	7
2	4	1	3	7	5	6	9	8
1	3	5	7	9	2	4	8	6
4	7	9	1	6	8	5	3	2
8	6	2	4	5	3	1	7	9

1	9	3	7	4	2	8	5	6
2	4	6	1	5	8	3	7	9
7	8	5	9	3	6	1	4	2
9	7	4	6	1	5	2	8	3
8	5	1	4	2	3	9	6	7
3	6	2	8	7	9	5	1	4
4	1	9	3	8	7	6	2	5
5	3	8	2	6	4	7	9	1
6	2	7	5	9	1	4	3	8

9	1	6	7	2	8	3	4	5
4	7	8	5	1	3	2	9	6
2	3	5	4	6	9	1	8	7
7	6	1	3	9	5	4	2	8
8	4	9	2	7	6	5	1	3
5	2	3	1	8	4	7	6	9
3	8	2	6	5	1	9	7	4
1	9	4	8	3	7	6	5	2
6	5	7	9	4	2	8	3	1

3	4	6	7	8	9	5	1	2
7	1	5	2	4	3	9	8	6
9	8	2	6	1	5	7	3	4
1	6	9	4	2	7	3	5	8
4	5	7	3	6	8	1	2	9
8	2	3	5	9	1	4	6	7
6	9	4	1	3	2	8	7	5
5	3	8	9	7	6	2	4	1
2	7	1	8	5	4	6	9	3

Grid 1

1	4	3	7	2	8	9	6	5
7	9	2	6	1	5	8	4	3
6	5	8	3	4	9	1	7	2
2	8	5	4	7	3	6	9	1
9	6	4	5	8	1	3	2	7
3	1	7	2	9	6	5	8	4
8	7	6	1	5	2	4	3	9
4	3	1	9	6	7	2	5	8
5	2	9	8	3	4	7	1	6

Grid 2

1	6	3	7	4	8	5	9	2
4	7	2	9	5	6	1	8	3
5	9	8	3	1	2	4	6	7
2	1	4	6	8	5	3	7	9
6	3	7	1	2	9	8	4	5
8	5	9	4	7	3	6	2	1
7	8	1	2	3	4	9	5	6
9	2	5	8	6	1	7	3	4
3	4	6	5	9	7	2	1	8

Grid 3

5	8	3	1	2	7	6	9	4
2	1	9	4	6	8	7	3	5
7	6	4	5	9	3	2	8	1
1	3	7	2	5	9	8	4	6
8	9	6	3	7	4	5	1	2
4	2	5	6	8	1	3	7	9
6	4	8	7	1	2	9	5	3
9	5	1	8	3	6	4	2	7
3	7	2	9	4	5	1	6	8

Grid 4

5	7	2	8	3	6	9	1	4
3	9	4	1	5	7	6	2	8
8	1	6	4	2	9	5	3	7
6	8	5	3	1	4	7	9	2
7	3	9	6	8	2	4	5	1
4	2	1	7	9	5	8	6	3
1	6	3	5	7	8	2	4	9
2	4	8	9	6	3	1	7	5
9	5	7	2	4	1	3	8	6

Grid 5

3	6	2	1	5	8	7	4	9
4	5	8	7	6	9	3	2	1
9	7	1	4	3	2	5	8	6
7	4	6	9	8	5	2	1	3
1	2	3	6	7	4	9	5	8
8	9	5	2	1	3	4	6	7
2	1	4	8	9	7	6	3	5
5	8	9	3	2	6	1	7	4
6	3	7	5	4	1	8	9	2

Grid 6

6	7	3	4	9	2	8	5	1
1	9	2	5	6	8	7	4	3
8	4	5	7	3	1	2	6	9
2	8	6	3	1	5	4	9	7
5	3	7	6	4	9	1	8	2
9	1	4	8	2	7	6	3	5
7	5	9	2	8	6	3	1	4
4	6	1	9	7	3	5	2	8
3	2	8	1	5	4	9	7	6

7	8	1	4	3	6	5	2	9
2	3	4	5	9	7	1	6	8
6	5	9	2	1	8	4	7	3
4	6	8	3	7	9	2	5	1
9	1	3	6	2	5	7	8	4
5	2	7	8	4	1	9	3	6
1	4	6	7	5	3	8	9	2
3	7	2	9	8	4	6	1	5
8	9	5	1	6	2	3	4	7

2	7	8	1	9	3	6	5	4
6	1	3	5	2	4	9	7	8
9	4	5	6	7	8	1	2	3
7	3	9	2	6	5	4	8	1
8	6	2	4	1	9	7	3	5
1	5	4	8	3	7	2	6	9
5	8	6	7	4	1	3	9	2
3	2	1	9	8	6	5	4	7
4	9	7	3	5	2	8	1	6

6	2	8	1	7	9	5	3	4
9	5	7	3	2	4	6	1	8
3	4	1	6	8	5	9	7	2
8	6	9	5	3	2	1	4	7
2	7	5	4	9	1	3	8	6
4	1	3	8	6	7	2	9	5
5	8	4	2	1	3	7	6	9
7	3	2	9	4	6	8	5	1
1	9	6	7	5	8	4	2	3

3	8	1	5	2	9	6	7	4
6	5	9	8	7	4	2	3	1
7	2	4	3	1	6	8	5	9
9	7	2	1	4	8	3	6	5
4	6	8	7	5	3	9	1	2
1	3	5	9	6	2	4	8	7
2	4	7	6	8	5	1	9	3
5	9	6	2	3	1	7	4	8
8	1	3	4	9	7	5	2	6

1	9	2	4	3	7	8	6	5
6	7	4	2	8	5	9	3	1
3	8	5	1	6	9	2	7	4
8	2	3	6	1	4	5	9	7
7	4	1	5	9	2	3	8	6
9	5	6	3	7	8	4	1	2
5	1	8	7	4	3	6	2	9
4	6	9	8	2	1	7	5	3
2	3	7	9	5	6	1	4	8

1	6	9	2	3	4	8	5	7
4	8	2	7	5	9	1	6	3
3	5	7	1	6	8	2	9	4
5	2	6	8	4	3	7	1	9
8	1	3	9	2	7	5	4	6
7	9	4	6	1	5	3	8	2
9	7	1	3	8	6	4	2	5
2	3	5	4	9	1	6	7	8
6	4	8	5	7	2	9	3	1

Grid 1

2	3	4	1	6	5	7	8	9
8	1	9	7	4	2	6	3	5
7	6	5	8	9	3	4	1	2
1	2	3	6	7	9	8	5	4
4	8	7	3	5	1	2	9	6
9	5	6	2	8	4	3	7	1
5	7	8	4	1	6	9	2	3
3	4	1	9	2	8	5	6	7
6	9	2	5	3	7	1	4	8

Grid 2

1	3	5	4	6	8	7	9	2
7	9	8	2	5	1	4	6	3
4	2	6	9	3	7	5	8	1
2	8	9	1	7	3	6	4	5
5	4	3	6	8	9	1	2	7
6	7	1	5	2	4	9	3	8
8	1	4	3	9	5	2	7	6
9	6	7	8	1	2	3	5	4
3	5	2	7	4	6	8	1	9

Grid 3

7	8	4	6	3	1	5	9	2
5	2	6	9	8	7	3	1	4
1	3	9	2	4	5	8	7	6
2	4	1	5	7	9	6	3	8
8	6	5	1	2	3	7	4	9
3	9	7	8	6	4	1	2	5
4	1	8	3	5	2	9	6	7
9	5	2	7	1	6	4	8	3
6	7	3	4	9	8	2	5	1

Grid 4

6	2	5	3	7	4	9	8	1
8	9	4	1	5	6	2	7	3
7	1	3	2	9	8	5	4	6
3	6	1	8	4	5	7	2	9
9	8	7	6	3	2	4	1	5
4	5	2	9	1	7	3	6	8
2	3	6	4	8	9	1	5	7
5	4	9	7	6	1	8	3	2
1	7	8	5	2	3	6	9	4

Grid 5

1	9	7	2	6	8	3	5	4
6	2	5	7	3	4	9	1	8
3	4	8	9	1	5	7	6	2
8	6	4	5	9	2	1	3	7
9	7	3	4	8	1	6	2	5
5	1	2	6	7	3	8	4	9
7	5	1	3	2	9	4	8	6
4	8	6	1	5	7	2	9	3
2	3	9	8	4	6	5	7	1

Grid 6

1	8	9	6	2	3	7	4	5
4	5	6	7	8	1	3	2	9
3	7	2	9	5	4	6	1	8
5	3	7	4	6	2	8	9	1
2	9	1	8	3	5	4	6	7
8	6	4	1	7	9	2	5	3
9	4	8	2	1	7	5	3	6
6	1	5	3	4	8	9	7	2
7	2	3	5	9	6	1	8	4

Grid 1

8	3	9	1	4	7	6	2	5
4	7	6	8	2	5	3	1	9
2	5	1	3	6	9	7	8	4
7	2	3	9	5	8	1	4	6
5	6	8	4	1	3	2	9	7
9	1	4	2	7	6	8	5	3
3	8	5	6	9	1	4	7	2
1	4	7	5	3	2	9	6	8
6	9	2	7	8	4	5	3	1

Grid 2

3	7	9	6	2	5	8	4	1
5	4	8	1	3	9	6	2	7
1	2	6	7	4	8	5	3	9
4	8	1	2	7	6	9	5	3
6	3	5	9	1	4	2	7	8
2	9	7	8	5	3	4	1	6
8	5	2	3	9	1	7	6	4
7	6	3	4	8	2	1	9	5
9	1	4	5	6	7	3	8	2

Grid 3

2	4	8	5	9	1	7	6	3
3	9	5	8	6	7	1	2	4
6	1	7	3	2	4	5	8	9
8	2	4	6	1	5	3	9	7
1	6	3	9	7	8	4	5	2
7	5	9	2	4	3	8	1	6
5	8	2	7	3	6	9	4	1
9	3	1	4	8	2	6	7	5
4	7	6	1	5	9	2	3	8

Grid 4

8	4	9	3	6	7	1	5	2
2	1	7	4	9	5	8	3	6
6	3	5	8	1	2	7	4	9
9	6	8	1	2	3	5	7	4
4	5	3	7	8	6	9	2	1
1	7	2	5	4	9	3	6	8
7	8	4	6	5	1	2	9	3
3	2	6	9	7	8	4	1	5
5	9	1	2	3	4	6	8	7

Grid 5

3	6	5	4	8	1	2	9	7
1	2	9	7	6	3	8	4	5
8	4	7	9	5	2	3	1	6
7	8	4	5	3	9	1	6	2
9	3	1	8	2	6	5	7	4
2	5	6	1	4	7	9	8	3
6	1	8	3	7	5	4	2	9
4	7	3	2	9	8	6	5	1
5	9	2	6	1	4	7	3	8

Grid 6

3	7	9	6	1	4	8	2	5
4	5	8	9	2	3	7	1	6
1	2	6	7	5	8	3	9	4
6	3	5	1	8	2	4	7	9
2	8	4	3	9	7	6	5	1
7	9	1	5	4	6	2	8	3
9	4	7	8	3	5	1	6	2
8	1	3	2	6	9	5	4	7
5	6	2	4	7	1	9	3	8

9	4	5	6	1	7	3	8	2
6	8	2	9	3	5	4	1	7
7	3	1	8	4	2	5	9	6
2	7	6	4	8	3	1	5	9
5	1	8	2	6	9	7	4	3
3	9	4	7	5	1	6	2	8
4	6	7	1	9	8	2	3	5
8	2	3	5	7	4	9	6	1
1	5	9	3	2	6	8	7	4

4	2	6	9	8	3	7	1	5
8	7	1	6	5	4	3	9	2
9	5	3	7	2	1	6	8	4
6	3	7	4	1	8	5	2	9
5	8	2	3	9	7	4	6	1
1	4	9	5	6	2	8	7	3
3	6	4	2	7	9	1	5	8
2	1	5	8	3	6	9	4	7
7	9	8	1	4	5	2	3	6

3	1	8	4	6	9	5	2	7
2	4	9	1	5	7	3	6	8
6	7	5	3	8	2	1	4	9
4	9	7	5	3	6	8	1	2
8	3	1	9	2	4	6	7	5
5	6	2	7	1	8	9	3	4
7	5	4	6	9	3	2	8	1
9	8	6	2	7	1	4	5	3
1	2	3	8	4	5	7	9	6

5	2	7	3	8	1	6	4	9
3	4	1	9	6	7	5	2	8
9	6	8	4	2	5	7	1	3
6	7	3	5	9	2	4	8	1
8	9	5	1	4	6	2	3	7
4	1	2	7	3	8	9	5	6
7	5	4	6	1	3	8	9	2
2	3	6	8	5	9	1	7	4
1	8	9	2	7	4	3	6	5

9	8	3	6	4	1	2	7	5
5	4	1	7	9	2	6	8	3
7	2	6	5	8	3	9	1	4
6	9	2	4	7	8	5	3	1
8	3	7	1	5	9	4	6	2
4	1	5	3	2	6	7	9	8
1	7	4	8	6	5	3	2	9
2	6	8	9	3	4	1	5	7
3	5	9	2	1	7	8	4	6

8	4	7	6	3	9	2	1	5
2	6	5	1	4	8	7	3	9
1	9	3	2	7	5	4	6	8
5	3	4	9	8	7	1	2	6
7	1	2	5	6	4	8	9	3
6	8	9	3	1	2	5	4	7
3	7	6	8	2	1	9	5	4
9	2	8	4	5	6	3	7	1
4	5	1	7	9	3	6	8	2

Grid 1

6	9	3	4	7	2	5	1	8
7	8	1	6	9	5	3	2	4
5	2	4	3	1	8	7	9	6
2	4	6	9	5	7	1	8	3
9	1	5	2	8	3	4	6	7
8	3	7	1	4	6	9	5	2
4	5	2	8	3	9	6	7	1
3	7	8	5	6	1	2	4	9
1	6	9	7	2	4	8	3	5

Grid 2

6	4	8	7	1	5	2	9	3
3	9	7	6	2	4	8	5	1
1	2	5	8	3	9	7	4	6
5	6	2	3	9	8	4	1	7
4	8	3	1	7	6	5	2	9
9	7	1	4	5	2	3	6	8
8	5	6	9	4	3	1	7	2
2	1	9	5	8	7	6	3	4
7	3	4	2	6	1	9	8	5

Grid 3

7	9	3	2	8	4	1	6	5
4	1	2	6	7	5	3	8	9
6	8	5	9	1	3	7	2	4
3	4	7	1	9	6	2	5	8
1	5	6	8	4	2	9	7	3
9	2	8	3	5	7	4	1	6
2	6	9	5	3	1	8	4	7
5	3	4	7	2	8	6	9	1
8	7	1	4	6	9	5	3	2

Grid 4

8	2	6	3	1	7	5	4	9
7	3	9	6	4	5	8	2	1
1	4	5	2	8	9	7	3	6
4	6	8	5	9	3	1	7	2
3	9	1	8	7	2	6	5	4
5	7	2	1	6	4	3	9	8
6	5	4	9	3	1	2	8	7
2	8	7	4	5	6	9	1	3
9	1	3	7	2	8	4	6	5

Grid 5

6	9	8	5	4	3	1	7	2
1	3	5	8	7	2	9	6	4
4	2	7	6	9	1	3	5	8
9	5	4	2	3	6	8	1	7
3	7	2	1	8	4	6	9	5
8	1	6	9	5	7	4	2	3
7	6	1	4	2	8	5	3	9
5	8	3	7	6	9	2	4	1
2	4	9	3	1	5	7	8	6

Grid 6

1	3	7	4	5	6	8	9	2
2	6	5	9	8	3	7	1	4
4	9	8	2	7	1	3	5	6
7	4	9	1	3	5	2	6	8
5	2	6	7	4	8	1	3	9
8	1	3	6	9	2	5	4	7
9	7	1	3	2	4	6	8	5
6	5	4	8	1	7	9	2	3
3	8	2	5	6	9	4	7	1